SUPER KNOWLEDGE

超级涨知识

香港城市大学 研究员
李骁 主审
小猛犸童书

韩明 编著
马占奎 绘

绕不开的
计量单位
6

长度（星星离我有多远？）

电子工业出版社
Publishing House of Electronics Industry
北京·BEIJING

目录

铅笔盒中的宝贝：认识刻度尺

测量距离就要用长度单位。最初人们用步数来测量距离，但不同人的步子大小不一样，于是就找一根木棍来作为单位长度，大家都按这根木棍的长度来计量，就可以统一了，这根木棍就被叫作"尺子"，慢慢发展成为现在的刻度尺。

刻度尺的上面有刻度及刻度线。**注意：0 刻度表示起点。**刻度尺的分度值一般为 1 毫米（mm）。一般规格的学生用刻度尺的量程为 15 厘米（cm）或 20 厘米（cm）。

横着拿它问长短，竖着用它看高低。能打格子会画线，横平竖直真整齐。

我猜是刻度尺。

正确使用刻度尺才能测量出准确的长度：测量时，把尺子的 0 刻度对准被测物的左端，读数时视线要和尺面垂直，看其末端对着刻度几，就是几厘米。

1 毫米有多长呢？

在每 1 厘米中间有 10 个小刻度，每 1 个小刻度就是 1 毫米。毫米是长度单位和降雨量的单位，英文缩写为 mm。

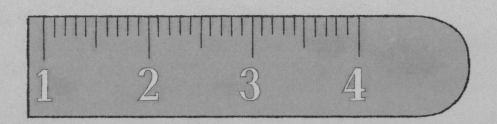

10 毫米也就是 1 厘米，1 厘米又有多长呢？

明确 1 厘米概念：

（1）从刻度 0 到刻度 1 之间的 1 大格就是 1 厘米的长度。

（2）刻度尺上，相邻两个刻度之间都是 1 厘米。

100 毫米 =10 厘米 =1 分米

用尺子量一量下图中几个物品的长度。记住，有时要运用估算的本领，用刻度尺测出物品的约长度。

测量前，请关注量程和最小刻度值。

多次测量后取平均值作为最后的测量结果，会更准确！

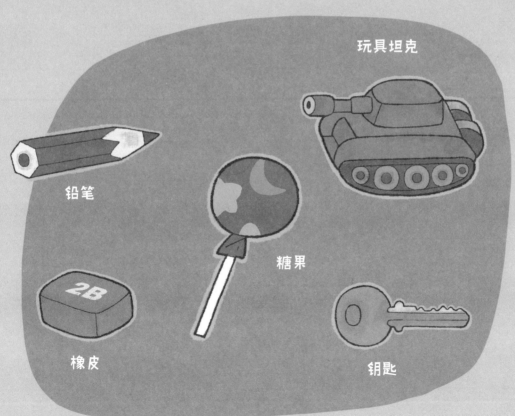

玩具坦克

铅笔

糖果

橡皮

钥匙

可爱的蚕宝宝：长度单位名称

"小芝麻"似的蚕卵，怎么可能有1厘米长呢？马小虎果然是个小马虎。

1个蚕卵的长度大约为1毫米，就是刻度尺上最小的1个格。

往后依次数数看，1、2、3······8、9、10，10毫米才是1厘米哦！

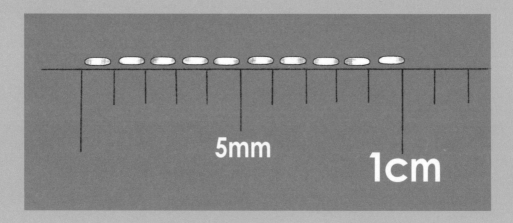

长度单位是指丈量空间距离的基本单元，是人类为了规范长度而制定的基本单位。其国际单位是米（m），常用单位有毫米（mm）、厘米（cm）、分米（dm）、千米（km）。

我是千米。

我是米。

我是厘米。

我是毫米。

1 米 =10 分米
1 分米 =10 厘米
1 厘米 =10 毫米

相邻长度单位之间的进率是10。

长度是一维空间的度量，是点到点之间的距离。我们知道长度单位有很多，主单位是米，其余都是派生的单位。在实际测量的过程中，可以根据需要选择合适的长度单位。例如，测量跑道的长度可以用"米"作为单位，测量两个城市之间的距离可以用"千米"作为单位更合适，而测量某人的身高则要用"厘米"作为单位。

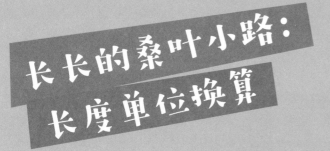

看，任小真正在为蚕宝宝捡新鲜的桑叶呢！假如一棵桑树有300片桑叶，每片桑叶长约15厘米，那就可以铺成一条长约45米的桑叶小路啦。

计算公式为：300×15÷100=45（米）

直接把蚕宝宝引到桑树上去进餐，让它们吃个痛快吧！

15 厘米

这条长45米的桑叶小路，换算成千米的话，可以表示为0.045千米吗？

答案：当然可以。因为1000米=1千米，45米=0.045千米。

世界真奇妙，我们一起看看自然界中的长度之最吧！

大象的鼻子有多长? 非洲象的鼻长大约有1.86米，几乎可以和篮球运动员比身高啦！

长颈鹿的脖子有多长? 成年的雄性长颈鹿站立时，从头至脚约有6～8米，而它的脖子就有1.8～2.5米长。长脖子有助于它们选择鲜嫩可口的树叶为食。

世界上最高的人是谁? 是被称为"奥尔顿巨人"的美国人罗伯特·潘兴·瓦德罗，他是世界公认最高的人，也是吉尼斯世界纪录上最高的人，身高2.72米。

世界上最高的树有多高? 澳大利亚杏仁桉。生长在澳大利亚草原上的这种巨树最高可达156米，相当于50层楼的高度，被称为"树木世界里的最高塔"。

世界上最高的山峰有多高? 珠穆朗玛峰。海拔8848.86米，是喜马拉雅山脉的主峰。

发生在 1983 年的大事：
1 米的约定

1 米大约有多长呢？

不同国家的尺子长度不一样，这在古代没什么问题，但世界变成地球村以后，就带来了很多不便，于是国际上统一规定用法国的尺子"米"来作为标准长度单位。

法国的尺子是怎么来的呢？

1791 年，法国科学家提出把地球子午线的四千万分之一的长度定为 1 米，并用金属铂制成了第一根标准米尺——铂杆（法国档案米原器），于是"米"这一单位正式诞生。

1875 年，法、俄、德等 17 个国家的代表在巴黎签署了"米制公约"，奠定了以"米制"为基础的国际通行的测量单位制。

1889 年，第一届国际计量大会通过了瑞士 SIP 工厂制造、经国际计量局鉴定的米原器作为权威长度基准器——国际米原器，给"米"第一次下定义。

1892 年，物理学家迈克尔逊利用研制出的镜式干涉仪，第一次用镉红线波长测量了"国际米原器"，到 1893 年完成了测量任务，比法国档案米原器确定长度提高了 100 倍。

1960 年，第 11 届国际计量大会上给"米"下了第二次定义。用光波波长定义"米"的主要优点是能保持长期稳定，符合定义规定的条件就能复现。

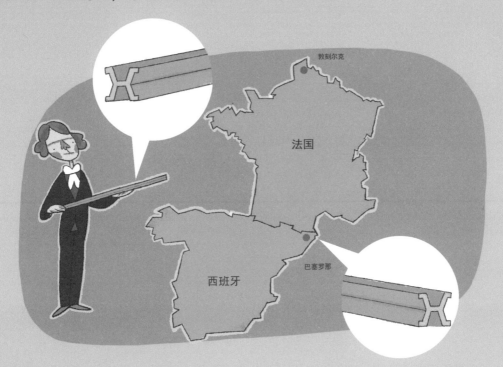

精准诠释

1983 年，第 17 届国际计量大会将"米"定义为：米是光在真空中 299792458 分之一秒的时间间隔内行程的长度。这是"米"的第三次定义。因为光在真空中的传播速度永远不变，因而"米"就更加精确了，只要严格遵守定义条件就能被各国所采用。

人人传颂的六尺巷
长度单位：尺

1米

我们熟知的谚语"尺有所短，寸有所长""一寸光阴一寸金，寸金难买寸光阴"中，都包含着古代的长度测量单位"尺"和"寸"。

"尺"是中国市制长度单位，也称"市尺"，1尺=10寸。古代计量长度单位的标准不同，今3尺等于1米。和尺一样，寸的具体数值也有差异。寸也是长度单位，10寸等于1尺。1市寸合1/30米。早在春秋战国时期，很多典籍上都有相关的记载。尺和寸换算成现在的长度单位为：**1尺≈33.33厘米，1寸≈3.33厘米。**

关于长度单位"尺"，还有过"人人传颂的六尺巷"这么一段趣谈呢。

这是一则发生在清代康熙年间的故事，大学士张英的府邸挨着一户姓吴的邻居。吴姓盖房欲占张家隙地，双方发生纠纷，告到县衙。因两家都是高官望族，县官也是极其为难。

张英家人传信给在京都的张英。他读完信，立即批诗寄回，诗曰："千里家书只为墙，让他三尺又何妨。万里长城今犹在，不见当年秦始皇。"家人明白了张英的心意，思来想去，也觉得自己的做法欠妥，于是拆让三尺，吴姓邻居深为感动，也让出三尺。于是，便形成了一条六尺宽的巷道。

它的"宽"在于人们的心灵境界。

这条巷子现存于安徽省桐城市的西南一隅，它是中华民族美德的见证。

万里长城万里长
长度单位：里

长城真有万里长吗？

在解答这个问题之前，我们先来了解"里"这个长度单位。

"里"是中国自古就使用的长度计量单位，它常用于计量地理距离。现在也被称为华里、市里。

1 里=500 米

"千里之行，始于足下"这句谚语告诉我们：即使走一千里路，也是从迈开第一步开始的，做事情要从头做起，从小处做起，再难的事情，只要坚持不懈地努力前行，一定会取得成功。

长城又称万里长城，是中国古代的军事防御工事，是一道高大、坚固而且连绵不断的长垣，用以阻隔敌骑的行动。

长城不是一道单纯孤立的城墙，而是以城墙为主体，同大量的城、障、亭、标相结合的防御体系。

长城资源主要分布在河北、北京、天津、山西、陕西、甘肃、内蒙古、黑龙江、吉林、辽宁、山东、河南、青海、宁夏、新疆等 15 个省市自治区内。其中河北省境内长度为 2000 多千米，陕西省境内长度 1838 千米。

根据文物和测绘部门的全国性长城资源调查结果，明长城总长度为 8851.8 千米，秦汉及早期长城超过 1 万千米，总长超过 2.1 万千米。

它是中华民族脊梁的化身。

外国人称长城为"伟大的墙"。

一言九鼎的重耳

长度单位：舍

一舍

一舍

"退避三舍"这个成语你一定听过，它比喻不与人相争或主动让步。你知道吗？"舍"也是我国古时的长度单位。1舍＝30里，3舍就是90里。

春秋时期的晋献公听信谗言，杀了太子申生，又派人捉拿申生的弟弟重耳。重耳闻讯，逃出了晋国，在外流亡十几年。经过千辛万苦，重耳来到楚国。楚成王认为重耳日后必有大作为，就以礼相迎，待他如上宾。

一天，楚王设宴招待重耳，两人饮酒叙话，气氛十分融洽。忽然楚王问重耳："你若有一天回晋国当上国君，该怎么报答我呢？"

重耳略一思索说道："美女侍从、珍宝丝绸，大王您有得是，珍禽羽毛、象牙兽皮，更是楚地的特产，晋国哪有什么珍奇物品能够献给大王呢？"楚王说："公子过谦了。话虽然这么说，可总该对我有所表示吧？"重耳笑笑答道："要是托您的福，果真能回国当政的话，我愿与贵国友好。假如有一天，晋楚两国之间发生战争，我一定命令军队先退避三舍（1 舍等于 30 里），如果还不能得到您的原谅，我再与您交战。"四年后，重耳真的回到晋国当了国君，就是历史上有名的晋文公。晋国在他的治理下日益强大。

公元前 633 年，楚国和晋国的军队在作战时相遇。晋文公为了实现当初他许下的诺言，下令军队后退九十里，驻扎在城濮。楚军见晋军后退，以为对方害怕了，马上追击。晋军利用楚军骄傲轻敌的弱点，集中兵力，大破楚军，取得了城濮之战的胜利。

这就是"退避三舍"的由来。

长江到底有多长
长度单位：公里

　　长江是中华民族的母亲河，它发源于"世界屋脊"——青藏高原的唐古拉山脉各拉丹冬峰西南侧。干流流经青海省、西藏自治区、四川省、云南省等 11 个省级行政区，于上海市以东注入东海，全长6397 公里，在世界大河中长度仅次于非洲的尼罗河和南美洲的亚马孙河，居第三位。公里是千米的俗称。

1 公里=1 千米

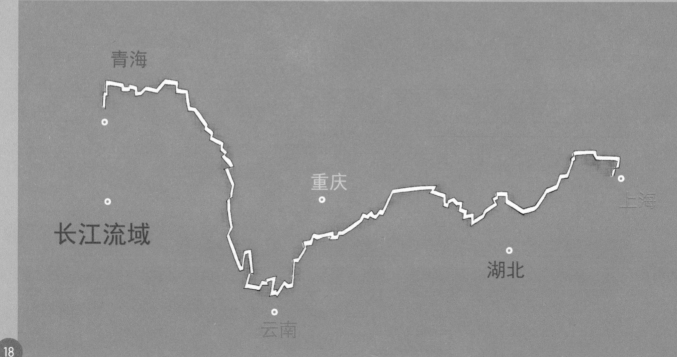

长江流域

青海

重庆

上海

湖北

云南

长江干流宜昌以上为上游，长 4504 公里，流域面积 100 万平方公里，其中直门达至宜宾称金沙江，长 3464 公里；宜宾至宜昌河段现称川江，长 1040 公里。宜昌至湖口为中游，长 955 公里，流域面积 68 万平方公里。

湖口以下为下游，长 938 公里，流域面积 12 万平方公里。

长江流域气候温暖，雨量丰沛，由于幅员辽阔，地形变化大，因此有着多种多样的气候类型。

公里作为长度单位，被广泛运用于各个领域，从地理、建筑、交通到科学研究。与千米相同，公里的实际意义是测量距离和长度的计量单位。

表示航程的海里

公里和海里都是表示两地间距离的计量单位，它们可以混用吗？

答案：那可不行。公里和海里的区别可大啦！

公里表示两地之间距离的长短。

海里不光表示航程的长短，而且对于定位船只有重要作用。

海里（符号为 n mile）是一种国际度量单位。1 海里 ≈ 1852 米。

它等于地球椭圆子午线上纬度 1 分（1 度等于 60 分，1 圆周为 360 度）所对应的弧长。由于地球子午圈是一个椭圆形，它在不同纬度的曲率是不同的，因此，纬度 1 分所对应的弧长也是不相等的。

1 海里 =1.852 公里（千米），是中国标准。

1 海里 =1.85101 公里（千米），是美国标准；1 海里 =1.85455 公里（千米），是英国标准；

1 海里 =1.85327 公里（千米），是法国标准；1 海里 =1.85578 公里（千米），是俄罗斯标准。

这片陆地到那个小岛的距离应该用海里吧？

是的！海里！

节（knot）以前是船员测船速的，每走 1 海里，船员就在放下的绳子上打一个结，以后就用节做船速的单位。1 节 =1 海里 / 时，也就是每小时行驶 1.852 千米，是速度单位，海里是长度单位。陆上的车辆，以及江河船舶，其速度计量单位多用千米 / 时，而海船（包括军舰）和空中的飞机的速度单位却称作"节"。

早在 16 世纪，海上航行已相当发达，但当时一无时钟，二无航程记录仪，所以难以确切判定船的航行速度。然而，有一位聪明的水手想出一个妙法，他在船航行时向海面抛出拖有绳索的浮体，再根据一定时间里拉出的绳索长度来计船速。那时候，计时使用的还是流沙计时器。为了较准确地计算船速，有时放出的绳索很长，便在绳索上等距离打了许多结，如此整根计速绳上又分成若干节，只要测出相同的单位时间里，绳索被拉曳的节数，自然也就测得了相应的航速。于是，"节"成了海船速度的计量单位。相应地，海水流速、海上风速、鱼雷等水中兵器的速度计量单位，国际上也通用"节"。

现代海船的测速仪已非常先进，有的随时可以数字显示，"抛绳计节"早已成为历史，但"节"作为海船航速单位仍被沿用。

航海上计量短距离的单位是"链"，1 链等于 1/10 海里。此外，舰船上锚链分段制造和使用标志长度单位也用"节"。通常规定锚链长度 27.5 米为 1 节；中国舰艇的使用标志以 20 米为 1 节。

星星离我有多远：光年

每年的七夕节，牛郎和织女的爱情故事定会被人们口口传诵：牛郎和织女被狠心的王母娘娘用金簪划出的天河隔在两岸，只有到了每年七夕这天，千万只喜鹊搭成鹊桥，两个人才可团聚。这个民间传说很凄美，可你知道牛郎星和织女星相隔多远距离吗？

牛郎星、织女星实际的距离有 16.4 光年。

"光年"是个时间单位吗？

答案：不是，光年是长度单位。

1 光年 =9460730472581 千米

宇宙特别辽阔，单单是我们所在的银河系，直径就差不多有 10 万多光年。天文学中，天体（如恒星和星系）之间的距离非常大。举个例子，地球和离它最近的卫星月球之间的距离约有 38.5 万千米，而太阳距离我们地球 1.5 亿千米。

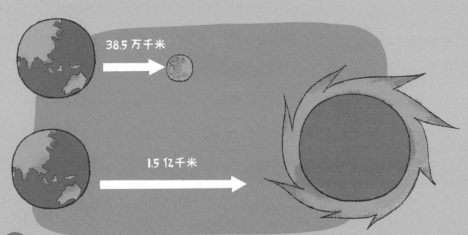

38.5 万千米

1.5 亿千米

为了避免用太长的数字，科学家们必须使用一种可以和浩瀚的宇宙相符的距离单位来研究天文学。天文学中常用的距离单位是光年。

1728 年，英国天文学家詹姆斯·布拉德雷给出了一种测量光速的方法，得出光的速度大约是 30.1 万千米 / 秒。1838 年，德国天文学家弗里德里希·威廉·贝塞尔首先使用"光年"一词作为天文学测量中的单位。他测量出，天鹅座 61 与地球之间的距离是 10.3 光年。"光年"作为天文学使用的一个距离单位，就此出现。

1 秒 30 万千米

2004 年 11 月 16 日，由美国航空航天局制造的飞机号称"世界上最快的飞机"，最高时速是 11260 千米 / 时。依照这样的速度，飞越 1 光年的距离需要用 95848 年。而常见的客机时速约为 885 千米 / 时，这样飞越 1 光年则需要 1220330 年。

激光测距仪

激光是 20 世纪 60 年代开始发展起来的一项新技术。它是一种颜色很纯、能量高度集中、方向性很好的光。激光测距仪是利用调制激光的某个参数，实现对目标距离测量的仪器。激光测距仪测量范围为 3.5 ~ 5000 米。

激光测距仪能用来对人造卫星跟踪测距，测量飞机的飞行高度，对目标进行瞄准测距，以及进行地形测绘、勘查等。

世界上第一台红宝石激光器，是由美国休斯飞机公司的科学家梅曼于 1960 年研制成功的。1961 年，第一台军用激光测距仪通过了美国军方论证试验。此后，激光测距仪很快就进入了试用阶段。

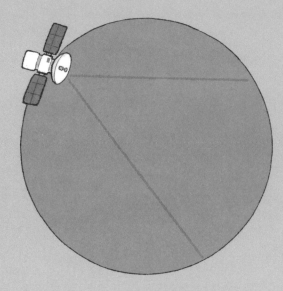

因价格不断下调，工业上也逐渐开始使用激光测距仪。目前，激光测距仪已广泛应用于工业测控、矿山、港口等领域。

激光测距仪重量轻、体积小、操作简单、速度快且准确，误差仅为其他光学测距仪的五分之一到数百分之一。

当发射的激光束功率足够时，测程可达 40 千米甚至更远，激光测距仪可昼夜作业，但当空间中有对激光吸收率较高的物质时，测距的大小和精度会下降。

你可真会想。

我能不能用激光测量一下我的身高啊？！

巨大的 A.U. 来啦：天文单位

"天文单位"是天文学中计量天体之间距离的一种单位。以 A.U. 表示，其数值取**地球和太阳之间的平均距离**。"天文单位"一词最早出现于 1903 年。

1976 年，国际天文学联合会颁布一系列天文研究采用的最重要单位，其中之一就是被称为"天文单位"（简写为 A.U.）的日地距离。

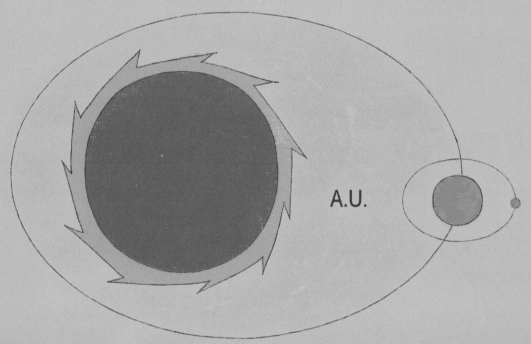

A.U.

按照国际天文学联合会的原始定义，日地距离是"在太阳引力作用下沿以太阳中心为圆心的圆轨道，以每天 0.01720209895 弧度的角速度运动的无质量粒子的轨道半径"。当时公布的数据为：1 天文单位 =149597870.691 千米。

人们普遍认为，既然是"基本单位"，似乎应该是个定数，按照 1976 年国际天文学联合会的定义，"天文单位"却是个不断变化的数值。

为了解决这个问题，2012 年 8 月 30 日，在第 28 届国际天文学联合会上，全票通过更改天文单位的定义，规定：1 天文单位 =149597870700 米。自此，"天文单位"不再是一个变化的数值。

冥王星距离太阳 39.5 天文单位，木星距离太阳 5.2 天文单位。

月球距离地球 0.0026 天文单位，地球距离太阳 1 天文单位。

27

令人意想不到的埃 长度单位：埃

埃是光波长度和分子直径的常用计量单位，它也是一个长度单位。虽不是国际制单位，却可与国际制单位进行换算。

这个单位名称是为纪念瑞典物理学家埃格斯特朗（1814-1874）而定的。当讨论粉尘表面与其他表面间的范德瓦尔斯引力时，也用"埃"来计量表面间的距离。气体分子的直径约为3埃。

从长度单位上讲，埃比纳米小一个数量级。1埃=0.1纳米（即为纳米的十分之一）。

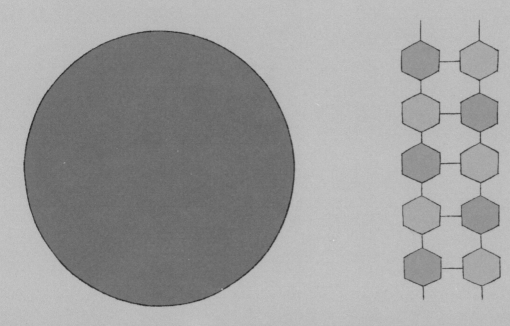

它一般用于原子半径、键长和可见光的波长。如原子的平均直径（由经验上的半径计算得到）在0.5埃（氢）和3.8埃（铀，最重的天然元素）之间。埃作为单位还被广泛应用于结构生物学。

埃格斯特朗又是谁呢？

他是光谱学的创始人之一，为太阳光谱的辐射波长制作了谱图，以 10^{-10} 米为单位。他同时钻研热传导、地磁学和北极光。

看不见的小细菌
长度单位：微米

相信乳酸菌饮料很多小朋友都喜欢，那么你了解乳酸菌是什么吗？它是一类能利用可发酵碳水化合物产生大量乳酸的细菌的统称。它们中的绝大部分是人体内必不可少且具有重要生理功能的菌群，广泛存在于人体的肠道中。

这些乳酸菌有多大呢？

它们的形态不同，大小也不一样。细长杆状且弯曲的乳杆菌细胞长度大约在（0.5 ~ 1.2）微米 ×（1.0 ~ 10.0）微米之间。片球菌的细胞呈球形，直径约12 ~ 20微米。链球菌的直径不超过2微米。

微米也是计量长度单位吗？

当然是。微米是计量长度的一种单位，用符号 μm 表示。1微米相当于1米的一百万分之一、1毫米的一千分之一。

微米是红外线波长、细胞大小、细菌大小等的数量级，通常用来计量微小物体的长度。

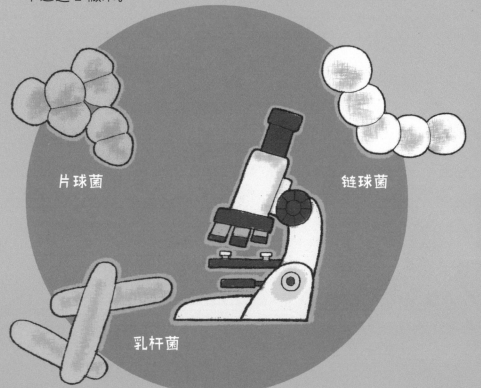

片球菌

链球菌

乳杆菌

比微米小的长度单位还有什么？

常用的还有纳米和皮米。

纳米 (nm) 是长度单位，就是 10^{-9} 米（十亿分之一米）。

皮米 (pm) 也是长度单位，1 皮米相当于 1 米的一万亿分之一。换算关系为：1 皮米 =0.001 纳米 =0.000001 微米。

随着科技的进步，一些生物学家在研究细菌、病毒的时候，都会用到这些极小的长度单位。人体有 1000 多万亿个细胞。按细胞直径来说，最长的是卵细胞，直径约 200 微米；按细胞长度来说，当数骨骼肌细胞，长度可超过 4 厘米。

传说中的纳米科技：纳米

纳米（nm）也是长度的度量单位。顾名思义，从名字上你就能想象出它有多小。

细菌

嗨，你们好，我是纳米。

头发

纳米

可不是嘛！
1 纳米 = 10^{-9} 米。
比单个细菌的长度还要小得多。

单个细菌用肉眼是不可能看到的，用显微镜可测得直径大约是5微米。假设一根头发的直径是 0.05 毫米，把它轴向平均剖成 5 万根，每根的厚度大约就是 1 纳米。也就是说，1 纳米 =0.000001 毫米。纳米科学与技术，有时简称为"纳米科技"，是研究结构尺寸在 1 ~ 100 纳米范围内材料的性质和应用的科学技术。

纳米科技的发展带动了与纳米相关的很多新兴学科。有纳米医学、纳米化学、纳米电子学、纳米材料学、纳米生物学等。全世界的科学家都知道纳米科技对科技发展的重要性，所以各国都不惜重金发展纳米科技，力图抢占纳米科技领域的战略高地。

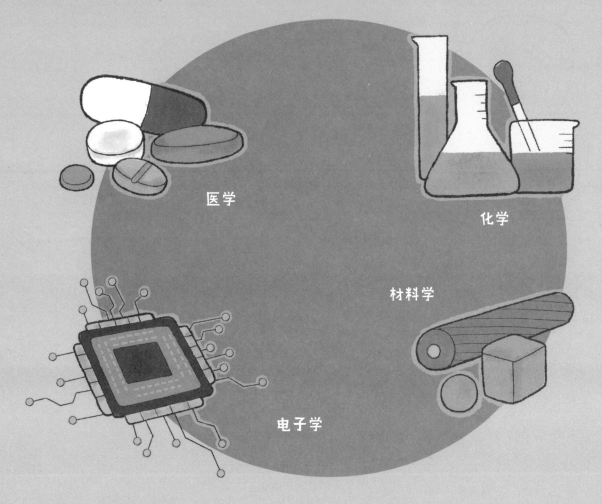

医学

化学

材料学

电子学

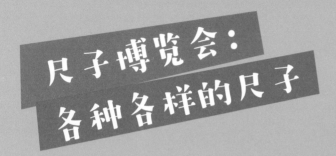

我们日常生产、生活中会用到各种各样的尺子，软尺是最常见的，它也被称为裁缝尺，一般裁缝或卖布的商店里都会用到这种尺子，裁缝师傅会用它测量人的身围（包括腰围、胸围、臀围等）或裁衣服时使用。它很柔软，可卷起来携带，形状似一根腰带。为使用方便，软尺的顶端黏附着金属薄片。它有两个单位，一面是寸（包括英寸和市寸），一面是厘米。

卷尺是日常生活中常用到的工具。大家经常看到的是钢卷尺，常常用于建筑和家居装修，也是家庭必备的工具之一。

游标卡尺是一种测量长度、内外径、深度的量具。游标卡尺由主尺和附在主尺上能滑动的游标两部分构成。主尺一般以毫米为单位，若从背面看，游标是一个整体。深度尺与游标尺连在一起，可以测槽和筒的深度。游标卡尺作为一种被广泛使用的高精度测量工具，是刻线直尺的延伸和拓展，最早起源于中国。

古代卡尺

古代人手中的量具

古代人用什么尺子测量呢?

作为世界四大文明古国之一的中国，历朝历代人民的生活，大到建筑、经济、交通运输，小到日常居家，各个领域都少不了尺子的身影。

中国古代度量长度的尺最早见于商代。经历史专家的鉴定，传世商代尺约合今16～17厘米。河南安阳殷墟出土的商代骨尺和牙尺，是目前中国所见最早的测长工具。

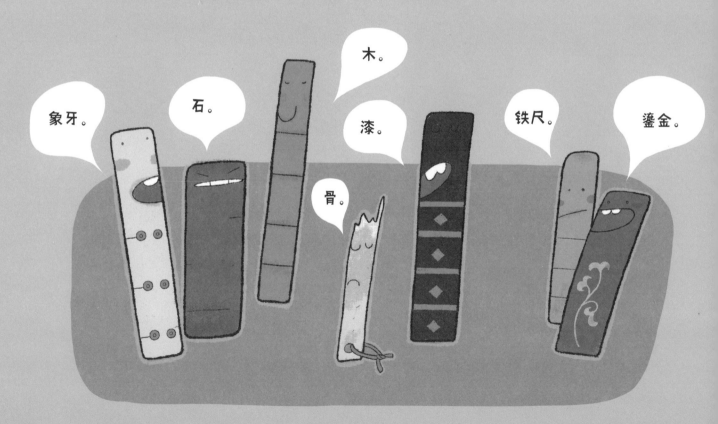

汉尺出土较多，以种类分，有铜尺、象牙尺、石尺、木尺、骨尺、漆尺、鎏金刻花尺、铁尺等，甚至还有玉尺。出土的汉尺中，木尺数量最多，但大多数残损不全。西汉尺以满城汉墓出土的长 23.2 厘米的错银铁尺最为精美。流传至今的东汉尺甚多，仅出土的就有 40 余支。东汉尺较以前朝代更多地注意到了分、寸刻线分度的准确，且尺长略有增长，在 24 ~ 24.5 厘米之间。

在国家博物馆中珍藏的"**新莽铜卡尺**"，经过专家考证，是世界上迄今发现最早的卡尺，制造于公元 9 年，距今超过 2000 年。

出土或传世的魏晋南北朝至宋元明清时期的各类尺，长度稍有不同。尺背有的阴刻花纹，有的刻铭文，也不尽相同。刻线讲究者，以金银镶嵌，或以漆画之，以刀阴刻是最为普遍的。

堂堂七尺男儿有多高

相信在古装电视剧中，你一定看过这样的桥段——壮汉拍着自己的胸脯说道："我堂堂七尺男儿要……"

你知道，七尺男儿到底有多高吗？

中国古代度量长度的单位有尺、寸。但请你注意，尺虽然是古今都有的计量单位，不过它的实际长度各个朝代却不一样。

七尺？

有关历史专家根据各种古籍推算出，历代1尺的长度为： 战国为22.5厘米，汉朝为23.1厘米，三国为24厘米，晋为24.5厘米，南北朝为24.2～29.6厘米，隋为29.6厘米，唐为30厘米，宋为31.2厘米，明、清为32厘米。如此推算下来，应该和你想象中的有所差距，所谓七尺男儿无非是指身高在1.7米左右的男子，这和现在人们的平均身高相差无几，并没有什么特别的。

我国自古流传着很多与长度单位有关的谚语和成语，如"失之毫厘，谬以千里""咫尺天涯"等。这些"毫、厘、咫"和尺一样，都是古代长度单位。

长度单位的名称，产生很早，上古时都是以人体的某个部分或某个动作为命名依据的。一尺的长度与一手的长度相近，很容易识别，所以古时有"布手知尺"的说法。

布手知尺

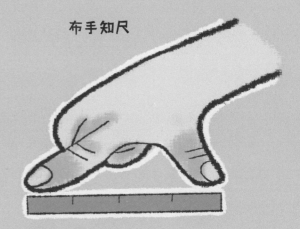

周以前的长度单位的名称，经过《汉书·律历志》的整理，保留了寸、尺、丈三个，并在寸位以下加入"分"位，丈位以上加入"引"位，都是十进，这就是所谓的五度。

由于古代历史中各个朝代的更迭，流传下来的长度单位还有很多，比如里、寻、仞、扶、咫、跬、步、常、矢、筵、几、轨、雉等。

尺子的前世今生

你听说过"人体尺子"吗？就是把自己身体的某一个部位作为统一的计量单位。

啊！这样的测量方法看起来也太不科学了。

可是，在很早以前，人们就是使用这种办法来测量长度的。

公元前6世纪规定——人伸展手臂，两个中指尖的距离定为长度单位1英尺。可在公元8世纪末，查理曼又把他的一只脚长定为1英尺。

9世纪时亨利一世规定——他的手臂向前平伸，从鼻尖到指尖的距离定为1码。10世纪时，英国国王埃德加把他的拇指关节之间的长度定为1寸。

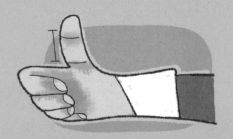

唐朝皇帝李世民规定——以他左右脚各走一步作为长度单位"步"，并规定1步为5尺，300步为1里。

这种不科学、不规范的长度测量终将被淘汰。

我们来看看今天的"高科技尺子"吧！

随着科技的发展，现代社会中很多领域应用了"高科技尺子"。

声呐——声呐技术是利用声波在水中的传播和反射特性，通过电声转换和信息处理，进行导航和测距的技术。声呐技术广泛用于鱼雷制导、水雷引信，以及鱼群探测、海洋石油勘探、船舶导航、水下作业、水文测量和海底地质地貌的勘测等。

雷达——雷达是利用电磁波探测目标的电子设备。它发射电磁波对目标进行照射并接收其回波，由此获得目标至电磁波发射点的距离、方位、高度等信息。随着科学进步，雷达的探测手段已经由从前的只有雷达一种探测器发展到与红外光、紫外光、激光及其他光学探测手段融合协作的阶段。

雷达

声呐船

军用雷达

图书在版编目（CIP）数据

绕不开的计量单位.6,长度：星星离我有多远？ / 韩明编著；马占奎绘. —— 北京：电子工业出版社,2024.1

（超级涨知识）

ISBN 978-7-121-46825-4

Ⅰ.①绕… Ⅱ.①韩…②马… Ⅲ.①计量单位－少儿读物 Ⅳ.①TB91-49

中国国家版本馆CIP数据核字（2023）第251669号

责任编辑：季　萌

印　　刷：当纳利（广东）印务有限公司

装　　订：当纳利（广东）印务有限公司

出版发行：电子工业出版社

　　　　　北京市海淀区万寿路173信箱　邮编：100036

开　　本：889×1194　1/20　印张：12.2　字数：317.2千字

版　　次：2024年1月第1版

印　　次：2024年1月第1次印刷

定　　价：138.00元（全6册）

凡所购买电子工业出版社图书有缺损问题，请向购买书店调换。若书店售缺，请与本社发行部联系，联系及邮购电话：（010）88254888，88258888。

质量投诉请发邮件至zlts@phei.com.cn，盗版侵权举报请发邮件至dbqq@phei.com.cn。

本书咨询联系方式：（010）88254161转1860，jimeng@phei.com.cn。